Barbara und Julia Müller

KREUZSTICHMUSTER

aus dem alten Rußland

rosenheimer

Alle Texte und Zeichnungen für dieses Buch fertigte Barbara Müller.
Julia Müller arbeitete alle Stickereien.
Die Fotos stammen von Klaus G. Förg.
Das Märchen wurde für diesen Zweck, neu und verkürzt, von Barbara Müller nacherzählt. Das Original steht unter dem Titel »Fürst Danila-Goworila« in dem Buch *Woher und Wohin? Märchen der Frauen*, Beltz und Gelberg Verlag 1989, Weinheim und Basel.

Satz: Buch-Werkstatt GmbH, Bad Aibling
Lithographie: reproteam, Ulm
Druck und Bindung: Haßfurter Tagblatt, Haßfurt
ISBN: 3-475-52804-5

5 4 3 2 1

Es war einmal ein Mädchen, Wassilissa genannt, das allein durch den Wald irrte. Irgendwann – kurz oder lang – kam es an ein kleines Haus aus Hühnerbeinchen. Es fürchtete sich davor, aber weil es so allein war, klopfte es an. Die Tür ging auf, und drin saß eine schöne Jungfrau und stickte an einem großen Tuch mit einem Muster aus Silber und Gold. Die Mädchen begrüßten sich herzlich, doch der Stickerin war das Herz schwer. »Meine liebe Schwester, ich will dich gerne beherbergen,« sagte sie, »aber meine Mutter ist die große Hexe Baba Jaga!« Wassilissa erschrak sehr; weil sie aber nicht wußte, wohin sie gehen sollte, setzte sie sich neben die Hausherrin, und sie stickten zusammen an dem großen Tuch.

Beim Handarbeiten vergeht die Zeit recht schnell, und die Jungfrau spürte, daß die Hexe kommen würde. Rasch verwandelte sie Wassilissa in eine Nadel und steckte sie in den Reisigbesen. Kaum war sie fertig, stand schon die Hexe im Zimmer. »Meine gute Tochter, hier riecht es nach russischen Knochen!« »Ach liebe Mutter, ich habe den Pilgern, die vorbeizogen, Wasser gegeben!« »Warum hast du sie nicht aufgehalten?« »Sie waren alt und zäh, liebe Mutter!« »Gib künftig besser acht!« sagte zornig die Baba Jaga und flog fort.

Die Mädchen setzten sich wieder an die Handarbeit und redeten und lachten miteinander.

War's kurz – war's lang, die Baba Jaga kam zurück. Es war gerade noch Zeit genug, Wassilissa im Reisigbesen zu verstecken. Und wieder glaubte die Hexe Menschenfleisch zu riechen. Die Jungfrau jedoch hatte schon eine Ausrede: »Pilger wollten die Hände wärmen. Ich lud sie ein zu bleiben, aber sie wollten nicht!« Die Baba Jaga war wütend und hungrig. Sie schalt ihre Tochter gehörig aus und flog davon.

Wassilissa und die Jungfrau stickten jetzt noch eifriger als vorher und überlegten dabei, wie sie dem Unheil entrinnen könnten. Vor lauter Eifer merkten sie nicht, wie schnell die Zeit verging, und schon stand die Hexe im Zimmer. Die Mädchen erschraken sehr. »Meine gute Tochter, ich sehe russische Knochen, heiz den Ofen ein!«

Wassilissa und die Jungfrau schleppten Holz herbei und machten Feuer, daß die Flammen aus dem Ofen schlugen. »Setz dich auf die Schaufel, meine Schöne!« sagte die Hexe zu Wassilissa. Die tat, was die Hexe verlangte, machte aber die Beine so breit, daß die Hexe sie nicht durch die Ofentüre stecken konnte. Die Baba Jaga war wütend und setzte sich selbst auf die Schaufel, um ihr zu zeigen, wie sie sitzen sollte. Da ergriffen sie die beiden Mädchen und steckten sie schnell in den Ofen, verschlossen ihn mit dem Ofenblech und türmten viel Holz davor auf. Als sie fortliefen, nahmen sie nur das gestickte Tuch, einen Kamm und eine Bürste mit.

Sie liefen und liefen, und als sie sich umdrehten, war die Hexe hinter ihnen. Sie fürchteten sich sehr und warfen die Bürste nach der Hexe. Schnell wuchs daraus ein Wald von Schilf. Die Baba Jaga aber riß ihn mit ihren Krallen aus und blieb ihnen auf den Fersen. Als sie das merkten, warfen sie den Kamm hinter sich. Ein Eichenwald wuchs empor, so dicht, daß keine Fliege ihn durchdringen konnte. Die Hexe riß aber mit ihren Zähnen die Bäume aus und bahnte sich einen Weg zu den Mädchen. Die liefen und liefen, und in ihrer großen Not warfen sie jetzt das gestickte Tuch hinter sich. Ein goldenes und silbernes Flammenmeer entstand daraus. Als die Baba Jaga es überfliegen wollte, stürzte sie hinein und verbrannte.

Die Mädchen aber gingen weiter in die Welt hinein, und jede heiratete einen Prinzen; und wenn sie nicht gestorben sind, so leben sie noch heute.

Daß Ihnen eine Handarbeit einmal von so großem Nutzen sein möge, wünschen Ihnen

Barbara und Julia Müller

ALLGEMEINE ARBEITSANLEITUNG

Alle Borten sind in Kreuzstich gearbeitet. Bei manchen Mustern ist die *dritte* Farbe als Punkt dargestellt, wird aber selbstverständlich als Kreuzchen gestickt.

Der Stoff: Bei Kreuzsticharbeiten ist es ganz wichtig, als Untergrund einen Stoff zu benutzen, der in Kette und Schuß absolut gleich ist. Nur so bekommen Sie ganz quadratische Kreuzchen. Gut zählbare Stoffe gibt es in reicher Auswahl. Wir haben für die Stickereien auf den Fotos Leinenstoffe von ganz unterschiedlicher Dichte, d. h. Fadenzahl pro Zentimeter, verwendet.
Auf groben Stoffen wirken die Borten rustikal – auf feinen eher zart und edel. Auch die Leinenborten, die zum Besticken angeboten werden, eignen sich ganz hervorragend für diese Muster. Vorsicht ist allerdings bei angewebten, farbigen Rändern geboten. Das Stickgarn muß farblich schon ganz genau passen.
Die Breite eines Bandes soll in einem guten Verhältnis zur Breite der Stickerei stehen. Zählen Sie darum das Muster vor dem Kauf aus. So fällt Ihnen die Entscheidung im Laden dann leichter.
Kaufen Sie die Borte auch etwas reichlicher als das benötigte Maß. Durch Besticken und Waschen gehen sie ziemlich ein. (Eine unserer Borten ist fast 10 % kürzer geworden!) Falls Sie eine bestickte Borte irgendwo aufnähen möchten, sollten Sie beide Teile erst einmal getrennt waschen. Damit erreichen Sie, daß die fertige Handarbeit später wirklich glatt bleibt.

Das Garn: Grundsätzlich können Sie jede Art von Stickgarn verwenden. Es soll aber zum Stoff und zum Verwendungszweck der fertigen Handarbeit passen. Mit Sticktwist kann man am besten auf jede Stoffdichte eingehen. Dazu muß man ihn nur in die nötige Fadenzahl teilen. Bei Twist ist die Auswahl an Farben eindeutig am größten. Aber auch Perlgarn oder Leinengarne sehen sehr hübsch aus. Für feine Stickereien eignet sich auch Vierfachgarn recht gut. Sogar Stickwolle auf Stramin kann passend sein.

Die Farben: Bei den alten Mustern sind die Farben ganz kräftig und bunt:
rot – schwarz – gelb – grün – blau.
Wir denken aber, daß die Stickereien, wenn sie weniger grell sind, besser wirken. Was wir damit meinen, können Sie auf den Fotos sehen.

Eckenbildung: Am besten und einfachsten läßt sich die Bildung einer Ecke mit Hilfe eines dünnen, randlosen Taschenspiegels bewerkstelligen. (Wenn Sie an die Rückseite ein Holzklötzchen o. ä. kleben, steht er von allein.) Stellen Sie den Spiegel im 90°-Winkel auf die Zeichnung und schieben Sie ihn so lange hin und her, bis Sie die Ecke harmonisch finden. Was Sie im Spiegel sehen, zeichnen Sie einfach auf Karopapier ab.

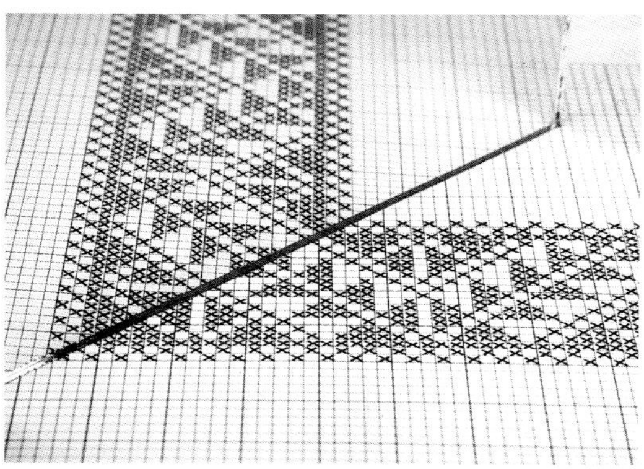

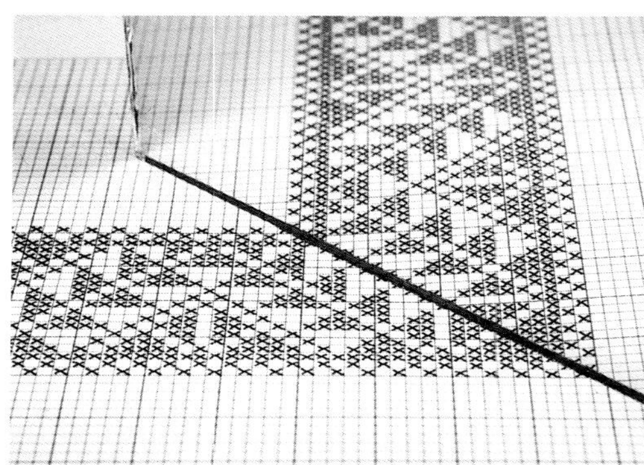

Für viele Borten haben wir schon eine Ecke gezeichnet. Manchmal war es gar nicht leicht zu entscheiden, welche Lösung die schönste ist. Auf den Seiten 18 und 19 überlassen wir die Entscheidung Ihnen.

Mittelteile: In den seltensten Fällen wird es so sein, daß von einer Ecke zur anderen die Mustersätze genau passen. Man muß dann das Muster genau in der

Mitte verändern. Dazu nehmen Sie wieder den Spiegel. Wenn Sie ihn in der Mitte rechtwinklig auf das Muster stellen, zeigt er Ihnen, wie Sie »spiegelbildlich« weitersticken müssen. Falls Sie einige Kreuzchen Spielraum haben, können Sie auch hier nach der schönsten Lösung suchen.

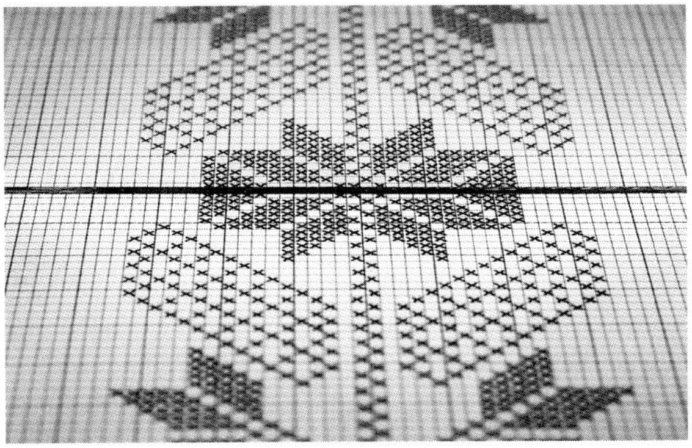

Was Sie sonst noch mit den Mustern machen können:
Im Laufe der Arbeit an diesem Buch haben wir festgestellt, daß die Muster unglaublich variabel sind. Viele kann man gut in der Breite verdoppeln. Manche können sogar zu Flächenmustern ausgeweitet werden.

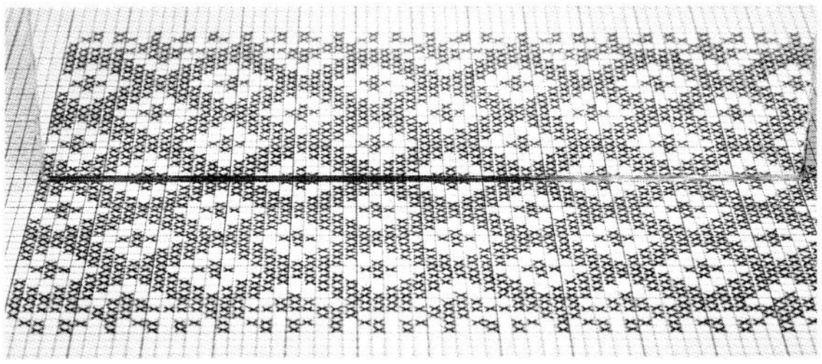

Einige Muster kann man halbieren, die Ränder kann man weglassen oder durch Ränder von anderen Mustern ersetzen.
Bei einigen Borten könnte man auf die zweite Farbe verzichten. Auf Seite 67 haben wir so ein Muster gezeichnet. Uns gefallen beide Möglichkeiten.
Manche Borten haben genau abgegrenzte Einzelmotive, die man gut auch so sticken kann. Eventuell an den Ecken fehlende Kreuzchen müssen freilich sinngemäß ergänzt werden.

Und ein letzter Tip: Die Muster eignen sich auch als Strickmuster in Norwegertechnik. Falls Sie – wie wir – diese Kunst nicht beherrschen: Man kann die Muster auch im Maschenstich aufsticken.

Die Buchbindearbeiten für die Modelle auf dem Schreibtisch (Seite 15) hier zu erklären, ist leider nicht möglich. Wir empfehlen Ihnen dazu ein Taschenbuch, in dem alles ganz anschaulich und verständlich erklärt ist:
Edith und Tanja van Eeuwen
Accessoires und Geschenke aus Karton und Stoff
Englisch Verlag, Wiesbaden 1993

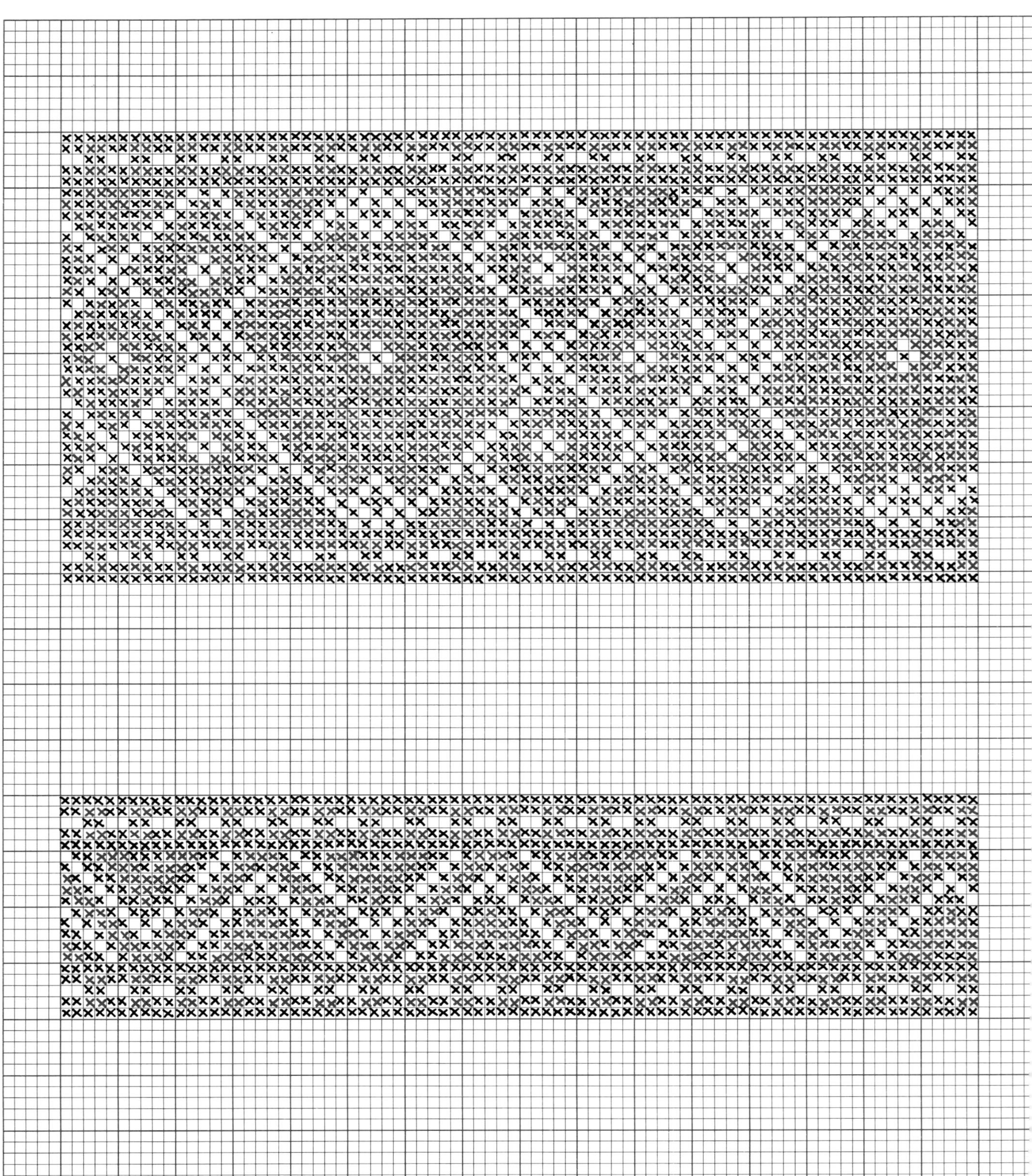

Die Muster für die Stickereien auf den beiden *Ordnern* finden Sie auf den Seiten 14 und 16. Wir haben bei den beiden Mustern nur die Randmotive weggelassen. Auf der *Briefmarkenschachtel* ist ein quadratisches Element der Borte auf Seite 17 gestickt. Das Muster wurde dafür nach oben und unten so ergänzt, wie es rechts und links zu sehen ist.

WLADIMIR WOINOWITSCH

Die *Geschirrtücher* sind mit Einzelmotiven aus den Borten auf den Seiten 22 und 24 bestickt. Auf Seite 25 finden Sie das Muster für die *Borte am Tassenbord*. Wir haben die Randmotive auf einer Seite weggelassen. Dadurch ergibt sich die gezackte Borte, die wir – rechts auf rechts – auf einen feinen Stoff gesteppt und verstürtzt haben.

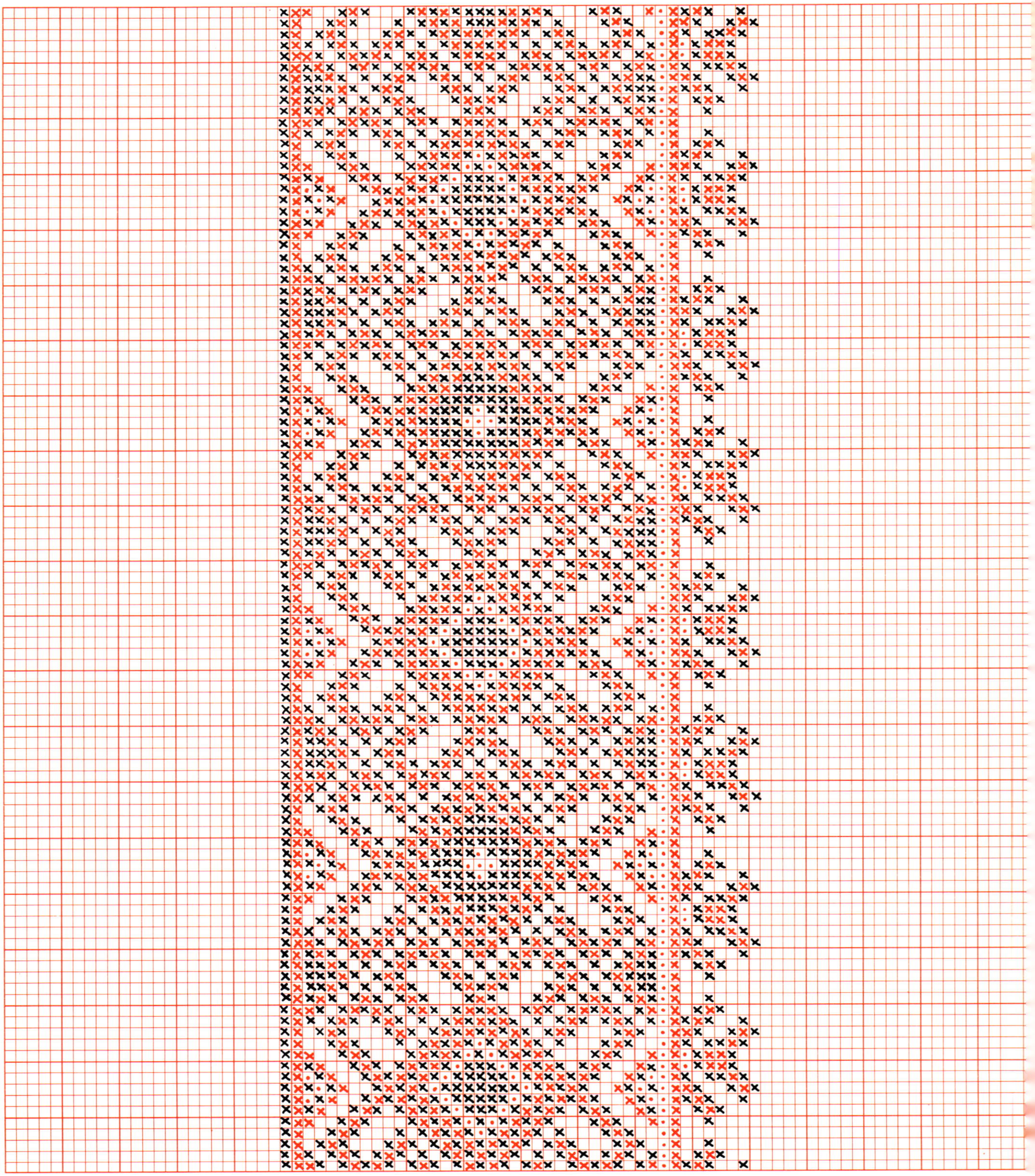

Das Muster für die *Decke* auf dem Teetisch finden Sie auf Seite 32 oben. Wir haben sie aus einem schweren, nicht ganz gleichmäßig gewebten Halbleinen gearbeitet.

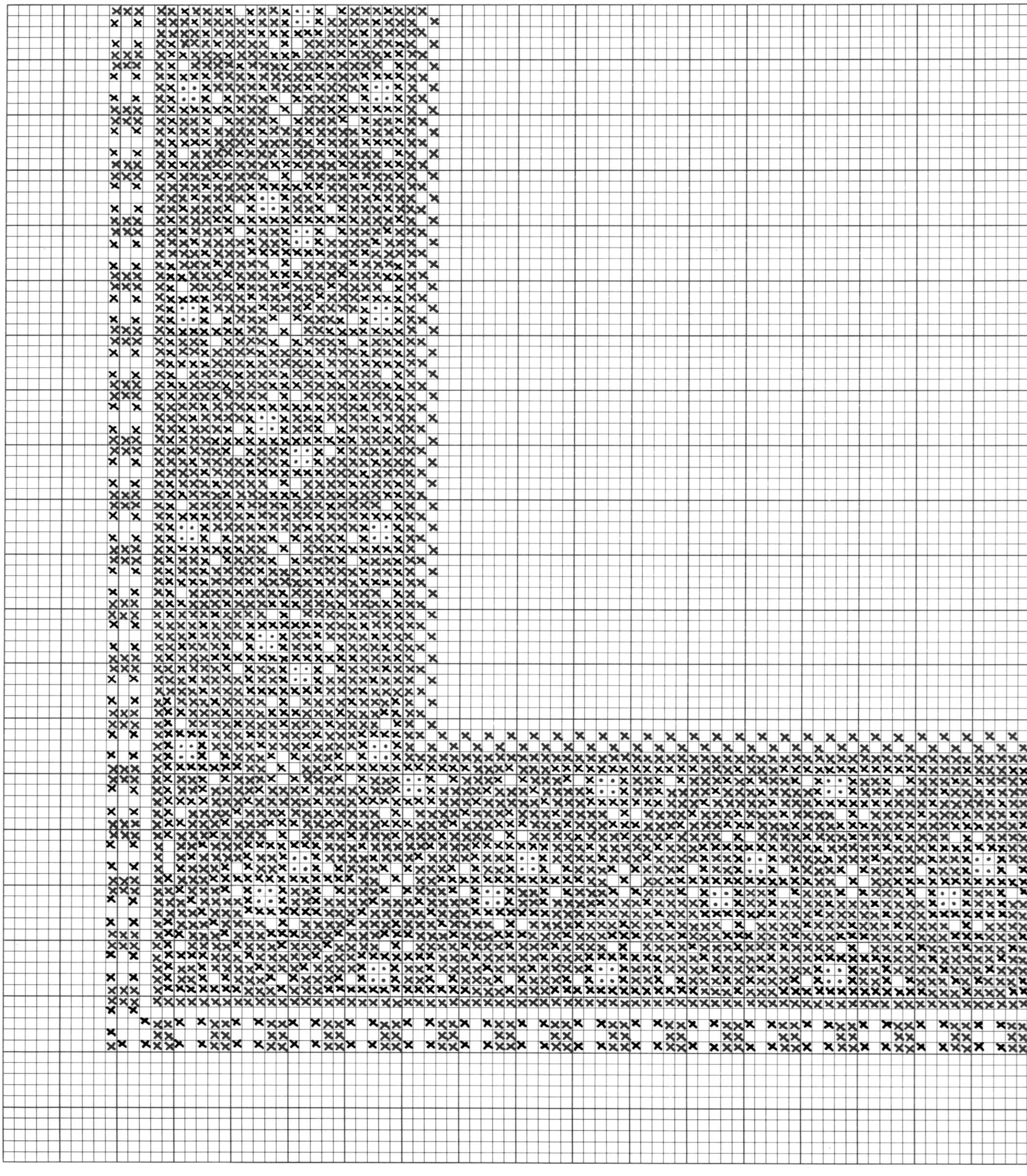

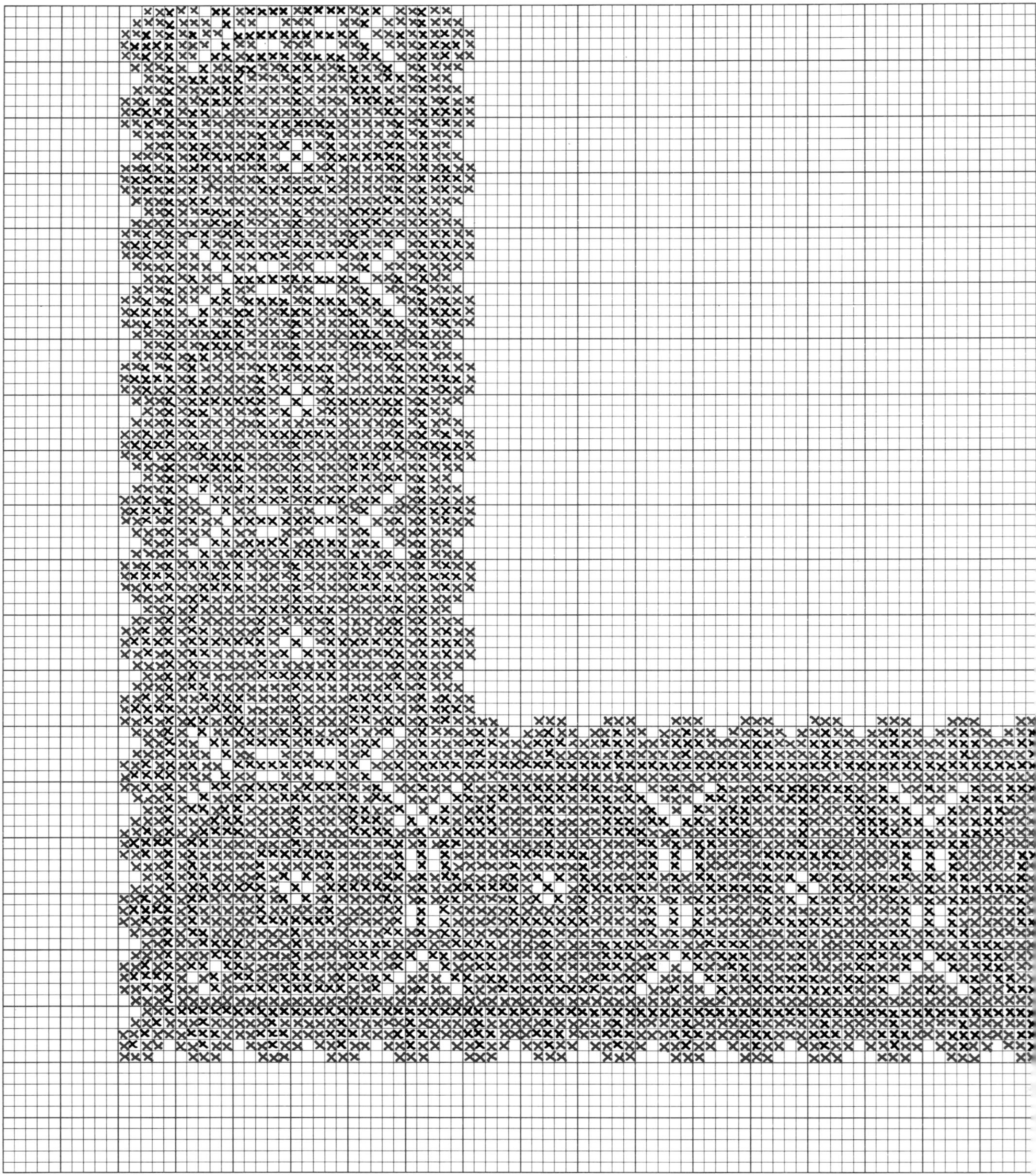

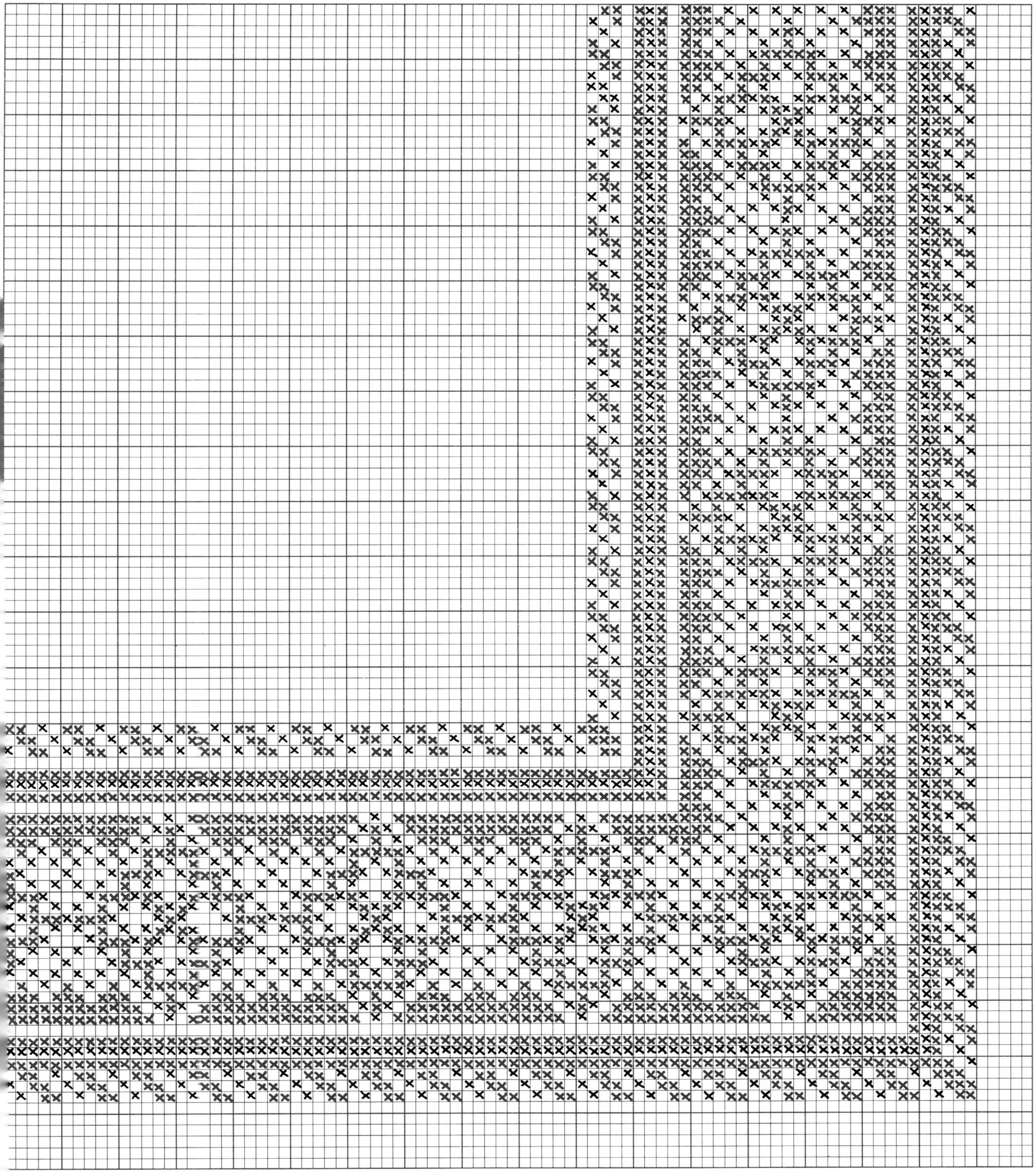

Diese *Borten* sind alle auf Leinenbänder gestickt, die es vom Meter zu kaufen gibt. Man kann sie entweder nur als Borten verwenden (Schrankborte, Türkranz, Vorhangraffer ...), oder auf andere Gegenstände aufnähen (Trachtenrock, Handtuch, Leinentasche ...). Der Fantasie sind keine Grenzen gesetzt.

HERKULES Art. 120

Dies ist das dreifarbige Muster für die *Tasche*. Wir haben sie aus einem festen Leinenstoff selbst genäht. Man kann aber auch eine fertige Tasche kaufen und nur die Borten aufnähen.
Auf der Tasche steht in kyrillischer Schrift »JULIA«. Ein russisches Alphabet finden Sie in meinem Buch »Kreuzstich-Alphabete« aus dem Rosenheimer Verlag.

ЮЛИЯ

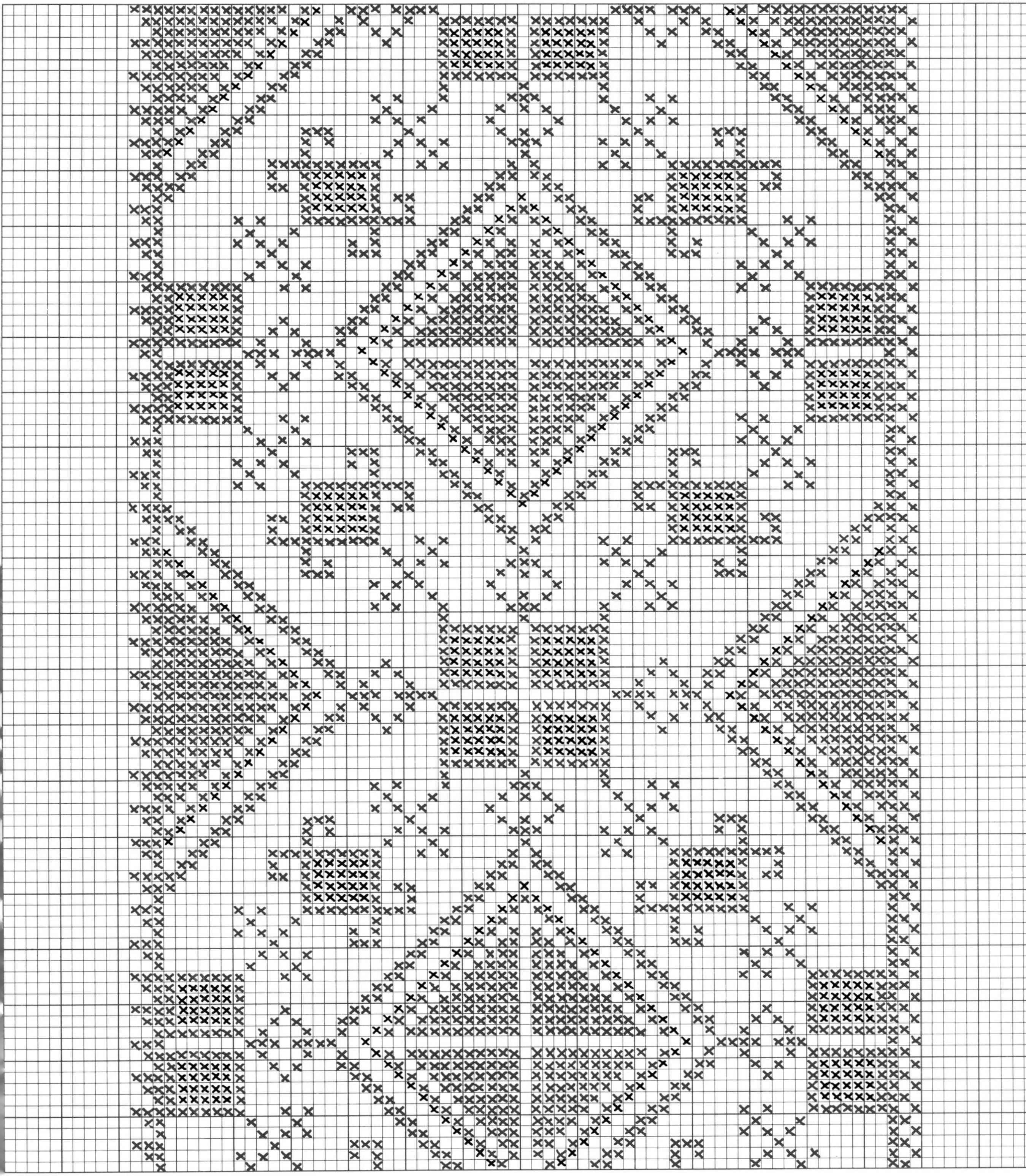

Stickmuster für die *Schreibtischauflage:*
Wir haben es verdoppelt, um die nötige Breite zu erreichen. Vom Muster des *Federmäppchens* (Seite 58) haben wir etwa 1¼ Rapporte gestickt und das Muster dann mit Hilfe des Spiegels gegengleich beendet. Die Stickerei wurde mit feinem Wildleder verarbeitet.

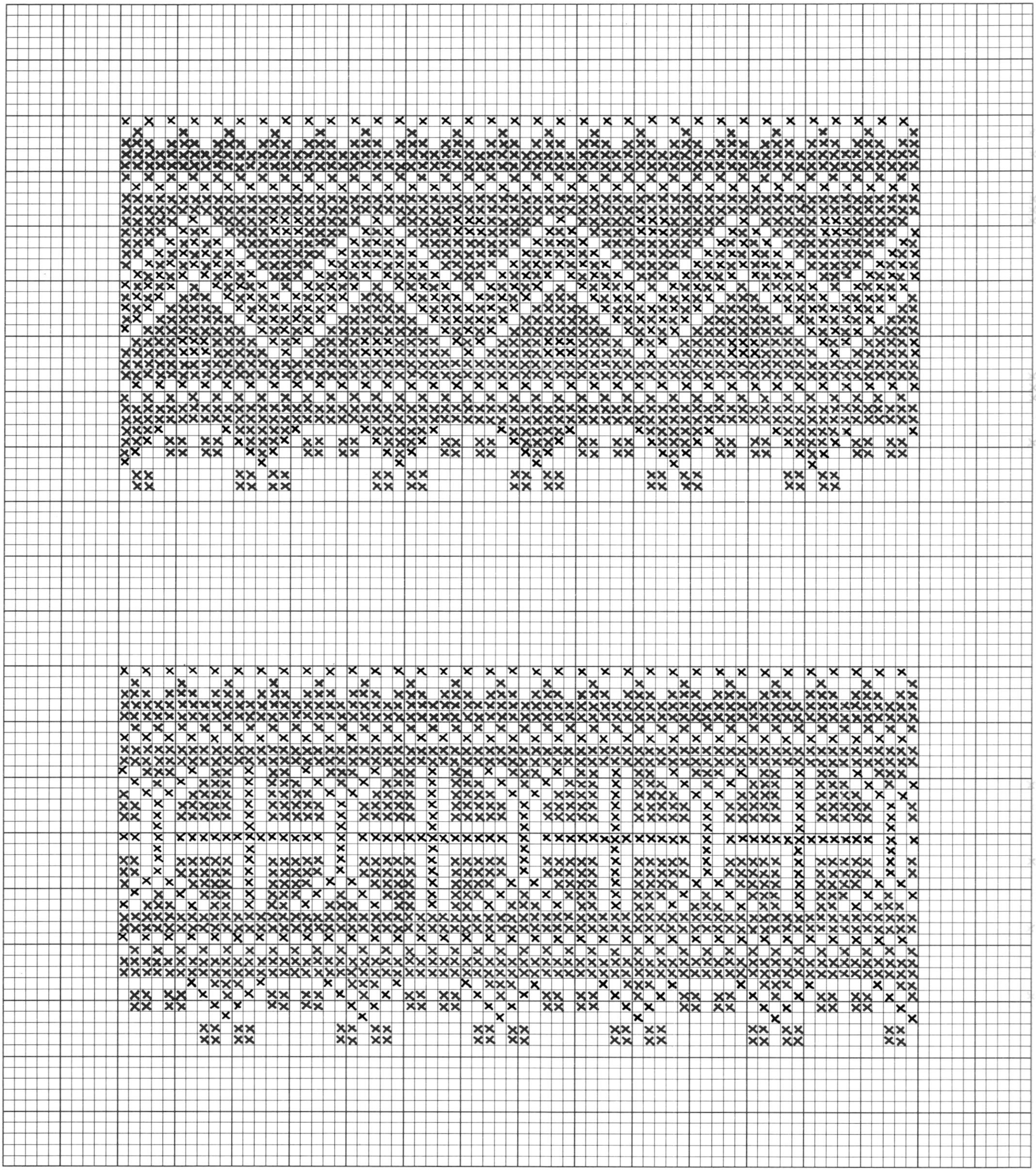

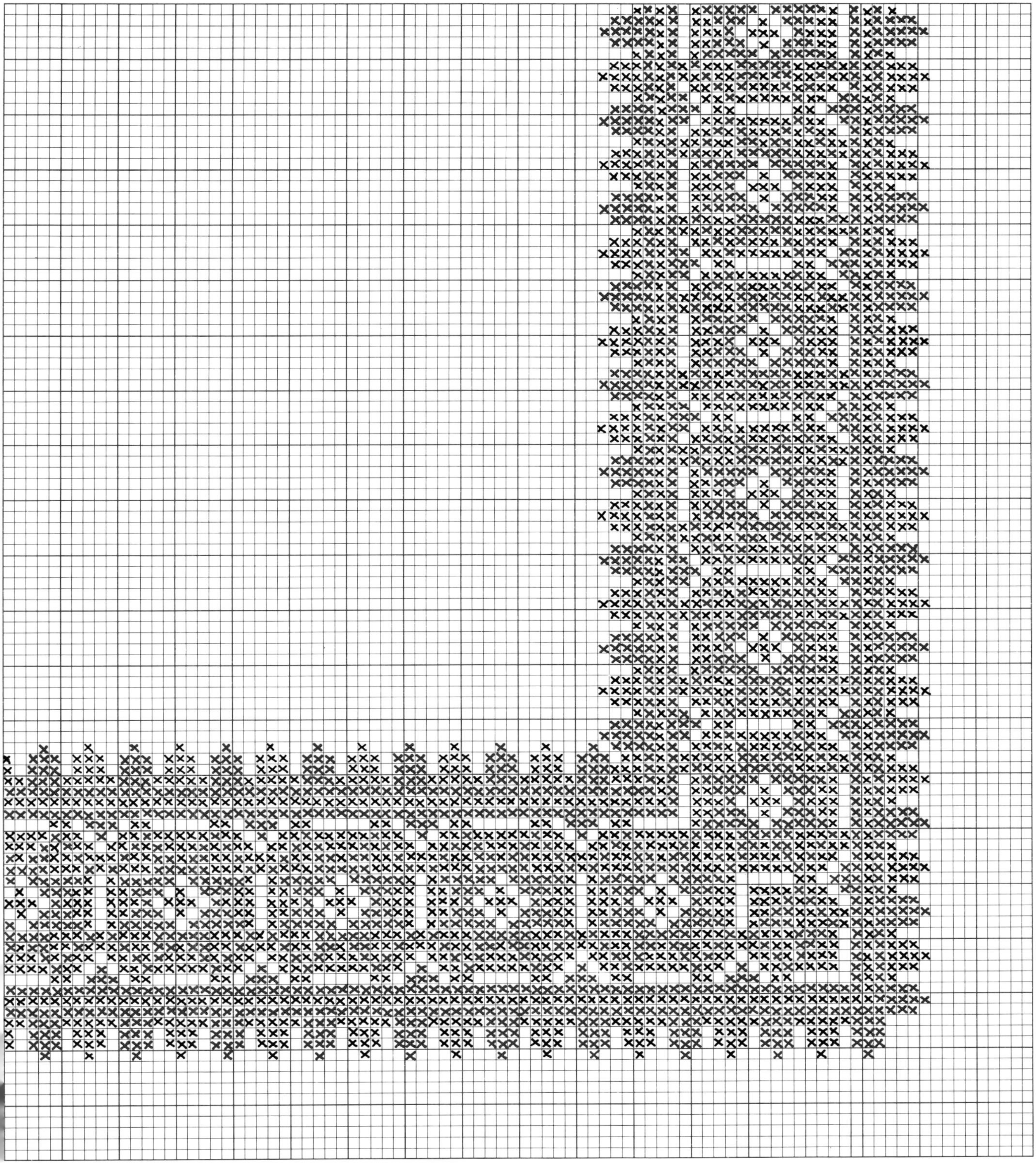

Das *Tischband* ist auf eine fertig gekaufte Leinenborte gestickt. Das Muster ließ sich sehr gut zu einem spitzen Ende verarbeiten. Man muß allerdings aufpassen, daß die Randmotive stimmen. Sie tun das nicht bei jedem Mustersatz!
Die *Servietten* sind aus sehr feinem Leinen (14 Fäden pro cm) gearbeitet. Gestickt wurde mit einfädigem Twist über zwei Gewebefäden. Das Muster ist ein Element aus der Tischborte.

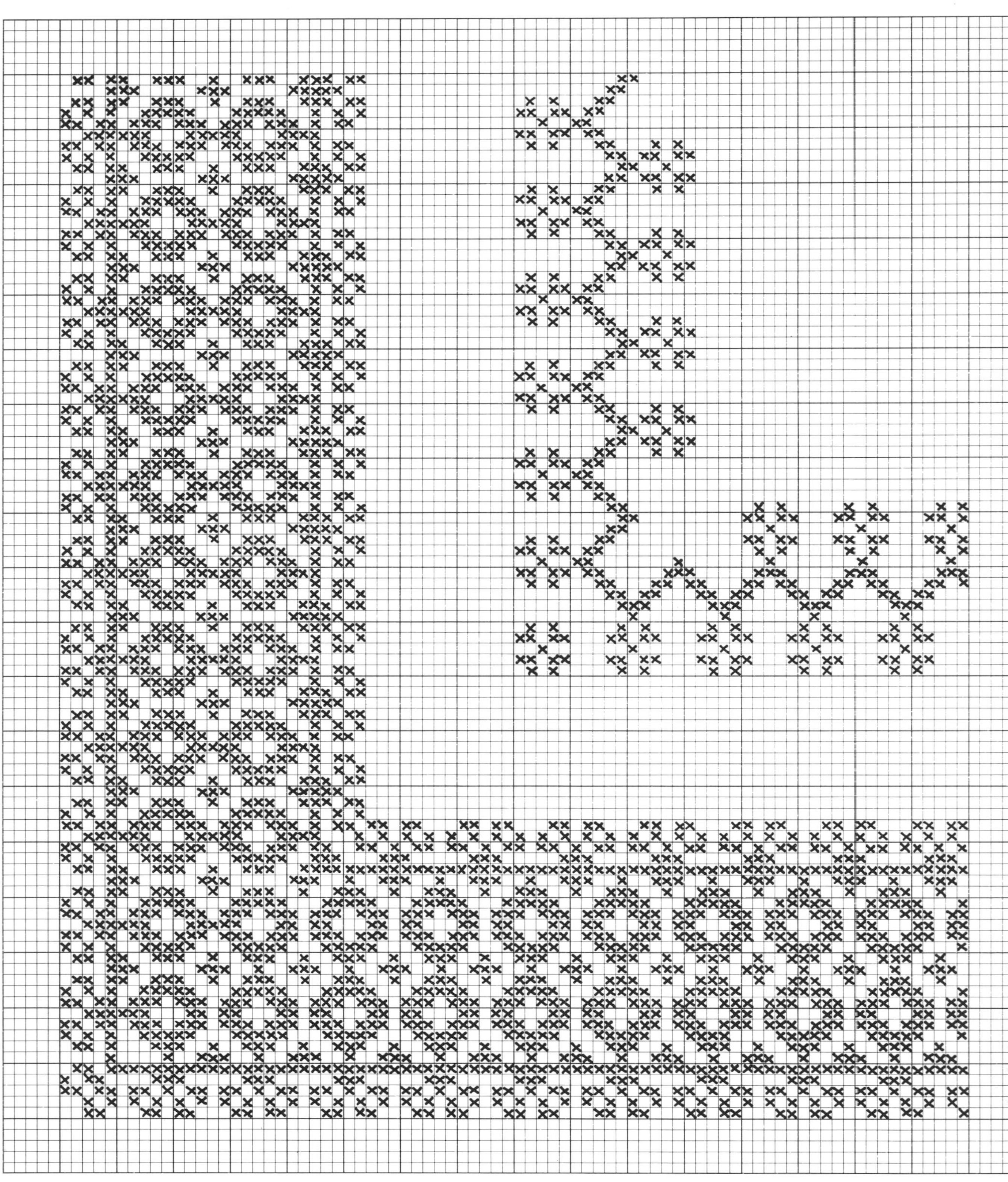

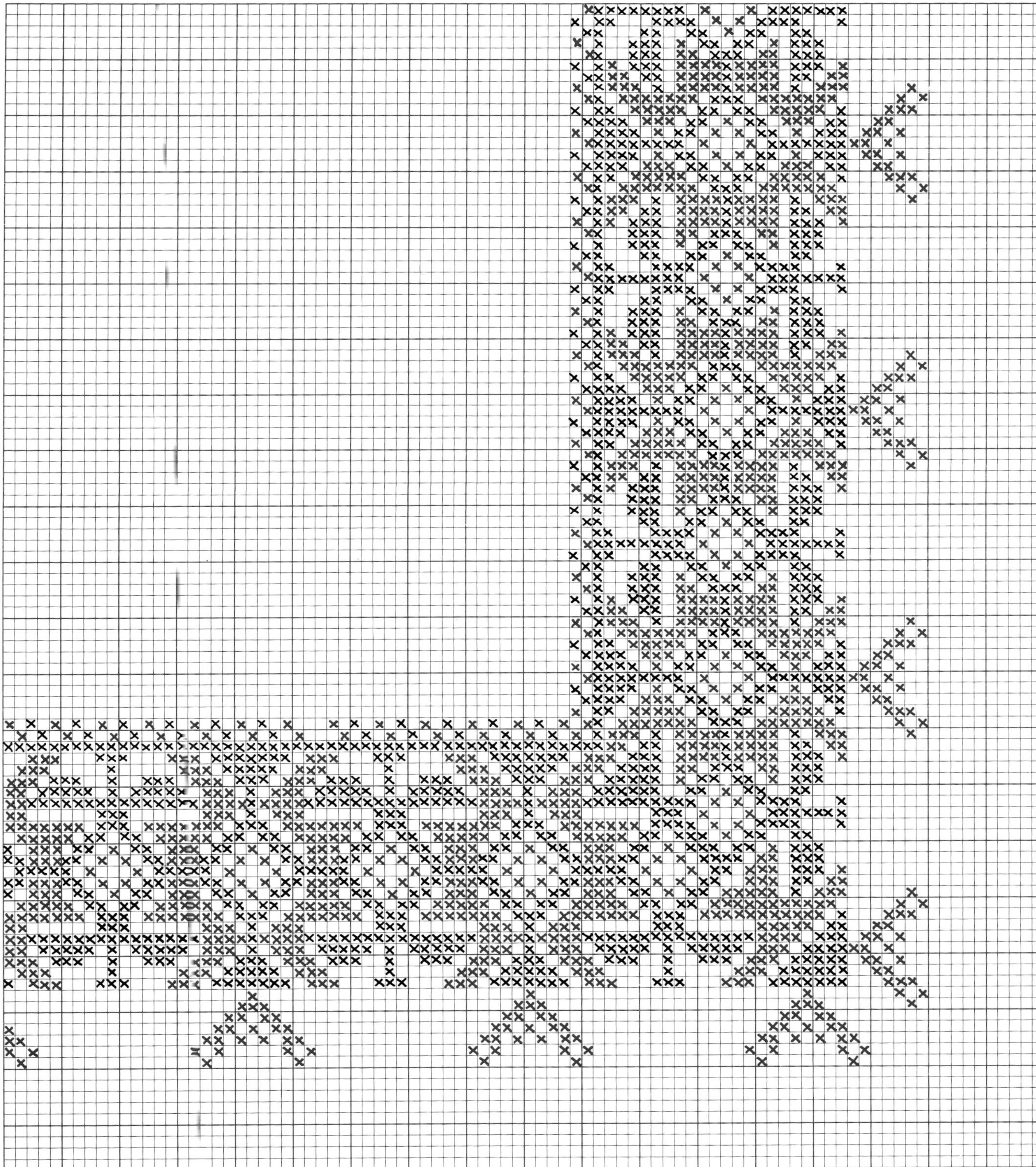

Новости